OSTÉOGRAPHIE.

OSTÉOGRAPHIE

OU

DESCRIPTION ICONOGRAPHIQUE

COMPARÉE

DU SQUELETTE ET DU SYSTÈME DENTAIRE

DES CINQ CLASSES D'ANIMAUX VERTÉBRÉS

RÉCENTS ET FOSSILES

POUR SERVIR DE BASE A LA ZOOLOGIE ET A LA GÉOLOGIE

PAR

M. H. M. DUCROTAY DE BLAINVILLE

MEMBRE DE L'INSTITUT (ACADÉMIE DES SCIENCES)
PROFESSEUR D'ANATOMIE COMPARÉE AU MUSÉUM D'HISTOIRE NATURELLE, ETC.

OUVRAGE ACCOMPAGNÉ DE PLANCHES LITHOGRAPHIÉES SOUS SA DIRECTION

PAR M. J. C. WERNER

Peintre du Muséum d'Histoire naturelle de Paris.

MAMMIFÈRES.

TOME PREMIER.

PARIS.

ARTHUS BERTRAND,

LIBRAIRE DE LA SOCIÉTÉ DE GÉOGRAPHIE DE PARIS ET DE LA SOCIÉTÉ ROYALE DES ANTIQUAIRES DU NORD,

RUE HAUTEFEUILLE, 23.

1839.

OSTÉOGRAPHIE

OU

DESCRIPTION ICONOGRAPHIQUE

COMPARÉE

DU SQUELETTE ET DU SYSTÈME DENTAIRE

DES CINQ CLASSES D'ANIMAUX VERTÉBRÉS.

DE L'OSTÉOGRAPHIE EN GÉNÉRAL.

Étymologie.

Sujet : Les Parties dures, ou Os naturels,

distinguées

en six sortes ;

Sous le nom d'os, *Ossa*, Οστεον, qui font le sujet de l'Ostéographie (mot composé qui signifie en effet description des os), l'on comprend, dans le langage vulgaire, toutes les parties dures qui se trouvent normalement entrer, de quelque manière et en quelque endroit que ce soit, dans la composition du corps des animaux du premier type de la série zoologique, type que j'ai désigné sous le nom d'*Ostéozoaires*, et qui est plus généralement nommé Animaux Vertébrés. Aussi les dents sont-elles encore comptées aujourd'hui par un trop grand nombre d'anatomistes au nombre des os, aussi bien que toutes les pièces solides qui peuvent se développer dans la peau ou dans quelque autre partie du corps. Toutefois, dans l'état actuel de l'organologie scientifique, on doit réserver exclusivement le nom d'os aux pièces plus ou moins dures qui constituent la partie passive de l'appareil locomoteur, formant par leur réunion le squelette, si elles sont situées dans la couche musculaire sous-posée à la peau, ou le sklérette, si elles sont dans la peau ou dans le derme lui-même; et ainsi voir, dans les parties dures de ce haut degré de la série animale, six choses distinctes demandant autant de divisions, savoir : 1° les pièces dures du squelette ou les os proprement dits et les sésamoïdes; 2° les pièces dures de la peau ou les *Dermos*; 3° les parties dures qui solidifient la première enveloppe d'un bulbe sensorial; 4° les parties dures externes ou visibles à l'extérieur, comme les *dents*, les *boucles*, que je nommerai *Phaneros*; 5° celles de dépôt interne phanériques mais non visibles, ou les *Petros*; 6° enfin, quelques autres pièces également solides développées dans d'autres points de l'organisme, que l'on pourra désigner par la dénomination d'*Enderos* ou d'*Internos*.

devant être étudiées aux deux états récent et fossile.

Ces parties solides de l'organisme, pouvant se conserver pendant un temps plus ou moins long dans le sein de la terre, sont, en effet, à peu près les seules dont l'étude soit entrée dans la paléontologie, et encore dans des degrés d'importance extrêmement différents, et proportionnels à la place qu'elles occupent dans l'organisme en général; les os et les dents étant les plus essentiels, comme ils sont les plus nombreux, au contraire des dermos, fort rares, des internos et des petros, qui le sont encore bien davantage.

DES OS QUI CONSTITUENT LE SQUELETTE.

Des Os qui constituent le Squelette.

Nous venons de dire que le squelette est l'ensemble des pièces plus ou moins solides, ou des os, qui servent d'appui, de levier, aux puissances locomotrices, et qui, formant un système, un tout évident, si ce n'est par artifice ou par la mort qui a détruit les moyens d'union, occupe avec elles la face interne de l'enveloppe cutanée, dont il est toujours plus ou moins indépendant.

Définis.

Ainsi un os est une partie dure de ce squelette, plus ou moins séparée, plus ou moins mobile, affectant une position et une forme déterminées par son emploi dans une particularité de la locomotion.

Considérés comme un tout lié :

Quand on considère les os comme constituant le squelette, comme partie passive de l'appareil locomoteur, ils ne sont donc jamais complétement séparés et indépendants; ils sont, au contraire, réunis entre eux d'une manière plus ou moins serrée par des faisceaux de fibres plus ou moins considérables, qui servent à les lier, et qui portent en effet le nom de ligaments. L'étude de ces ligaments, ce qui constitue ce qu'on nomme en chirurgie la Syndesmologie, est fort importante sans doute dans cette partie de la médecine aussi bien qu'en physiologie, mais elle est à peu près inutile dans le but ostéographique, que nous avons presque exclusivement en vue, parce que les traces de l'insertion de ces ligaments restent rarement assez bien marquées sur les os pour être utilement signalées; aussi leur considération a-t-elle été presque toujours négligée en paléontologie.

comme articulés.

Il n'en a pas été de même, et avec juste raison, des modifications que les pièces du squelette ou les os ont éprouvées vers les extrémités par lesquelles ils se touchent d'une manière plus ou moins serrée, et qui, connues sous le nom de surfaces articulaires, constituent les articulations, les solutions de continuité du squelette, les intervalles où se passent les mouvements.

Les articulations

Suivant l'étendue et la direction des mouvements qui peuvent avoir lieu dans ces endroits par suite de la disposition statique du corps, et surtout par l'action des puissances musculaires, ces surfaces articulaires présentent des formes distinctes, d'où les articulations ont reçu des dénominations particulières que nous devons au moins définir.

distinguées en

Elles se distinguent d'abord suivant qu'elles sont complétement immobiles, presque immobiles, semi-mobiles ou mobiles, ce qui est en rapport avec le degré de discontinuité des os conjoints.

immobiles

Dans le premier cas, l'articulation a presque complétement disparu, si ce n'est à l'extérieur, par les progrès de l'âge et de l'ossification, qui ayant envahi l'intervalle membraneux ou fibreux qui les séparait, a soudé les pièces ensemble. C'est ce dont on peut trouver des exemples bien tranchés dans les os du bassin, dans ceux de la tête, etc.

par engrenage; par application

Dans le second cas, la connexion se fait ou par engrenage réciproque de denticules et d'échancrures des parties articulaires, ou par application de leurs bords amincis, ce qui constitue l'articulation harmonique dans le premier cas et squammeuse dans le second; mais ce genre d'articulation, qui ne peut persister que tant qu'il reste une partie molle intermédiaire, passe aisément au premier par suite des progrès de l'ossification.

semi-mobiles; Les articulations semi-mobiles appartiennent à la même section que les précédentes, c'est-à-dire qu'entre les deux pièces en connexion il n'y a pas de solution de continuité; seulement les deux os se touchent beaucoup moins, séparés qu'ils sont par une substance fibreuse intermédiaire, plus ou moins lâche et dans laquelle se perd le mouvement, qui peut être plus étendu et exister à tout âge.

mobiles. Mais dans le troisième genre d'articulations essentiellement mobiles, et nommé *Diarthrose*, en termes techniques, il y a entre les pièces articulées une véritable solution de continuité, plus ou moins étendue; et en cet endroit les os sont revêtus d'une substance particulière fibro-cartilagineuse, lisse et recouverte, dans l'état frais, d'une membrane arachnoïdienne dite séreuse, avec glandes synoviales, ce qui constitue ce qu'on nomme un appareil synovial.

Quant à la forme de ces surfaces articulaires et par conséquent des extrémités des os qu'elles terminent, elle est assez variable, et c'est elle qui détermine l'étendue et la direction des mouvements.

On distingue trois sortes principales d'articulations mobiles, et beaucoup d'autres trop diversiformes pour être spécifiées dans un ouvrage de la nature du nôtre.

Arthrodie. On appelle articulation en tête ou en genou celle dans laquelle l'extrémité d'un des os en connexion est en forme de sphère saillante, et celle de l'autre creusée en cavité de même forme. C'est l'*Arthrodie* des chirurgiens.

Condyle. Ils nomment *Condyle* ou articulation condyloïdienne celle dans laquelle l'extrémité des deux os ou des deux groupes d'os articulés est ovale, convexe sur l'un et concave sur l'autre.

Gynglyme. Enfin la troisième espèce est le *Gynglyme* dans lequel il y a pénétration réciproque d'éminences et de cavités entre deux extrémités d'os, ou quelquefois de deux éminences et de deux cavités semblables. Dans les deux cas le mouvement ne peut être que rigoureusement angulaire.

La forme et la direction de ces différentes sortes d'articulations mobiles sont de la plus haute importance en chirurgie et en physiologie, comme nous l'avons déjà fait remarquer, mais elles ne le sont pas moins en Ostéographie et en Paléontologie, parce qu'elles ne varient dans une même espèce animale que dans des limites assez restreintes; d'ailleurs comme elles sont en harmonie avec d'autres pièces du squelette, on voit comment, de l'existence de telle ou telle articulation entre deux os, on en peut conclure à une connaissance approchée de telle ou telle autre pièce, et ainsi admettre ou rejeter le rapprochement d'un fragment fossile, avec son correspondant chez un animal récent.

Dans leur forme générale, partagés en

Considérés en particulier, les os se partagent d'après leur forme générale et d'après leur position dans le squelette qu'ils constituent.

Os longs, courts, plats.

Sous le premier rapport, on les distingue dans les écoles en os longs, en os plats et en os courts, dont la définition est facile parce qu'elle est stéréotomique. On peut encore mieux l'admettre en Paléontologie qu'en chirurgie. Les os longs sont ceux dont l'un des diamètres l'emporte beaucoup sur les deux autres : les os courts sont ceux où les trois diamètres sont de plus en plus semblables, et les os plats ceux où deux des diamètres ou au moins l'un d'eux est bien plus court que les deux autres.

Ces derniers entrent en général dans la composition des cavités, les seconds dans celle des axes du tronc et dans certaines parties des membres, tandis que les premiers sont exclusivement employés dans la formation de ceux-ci.

Dans leur position, et distingués en

Sous le rapport de la position des os dans le squelette, on peut les partager en os médians ou situés dans l'axe, et en os latéraux placés de chaque côté des premiers.

Os médians ou symétriques, dorsaux ou sternaux.

Ceux-ci, toujours symétriques, c'est-à-dire formés de deux côtés parfaitement similaires à tout âge, se distinguent eux-mêmes suivant qu'ils sont supérieurs ou inférieurs au canal intestinal ou à l'axe du corps.

pairs ou latéraux.

Les os latéraux ne sont au contraire jamais symétriques, c'est-à-dire qu'ils ne sont jamais partageables en deux parties égales par un plan longitudinal; mais ils sont toujours disposés par paires, l'un à droite et l'autre à gauche, du reste autant semblables entre eux qu'il est possible, avec la différence qui tient à ce qu'ils n'appartiennent pas au même côté.

Des os médians,

Les os médians constituent la base essentielle de l'animal vertébré ou le tronc et les os latéraux, les appendices simples ou complexes, libres ou engagés.

La considération de la symétrie ou de la non-symétrie des os est la plus importante et par conséquent la première à mettre en jeu, lorsqu'un fragment d'os est présenté à un ostéographe et à un paléontologiste. Est-il symétrique, ce qu'il est toujours facile de décider, c'est une vertèbre ou une sternèbre; ne l'est-il pas, c'est un os d'appendice, ce qu'il est quelquefois un peu moins aisé de décider : par exemple, dans le cas des os dont est formé le doigt médian.

dorsaux ou des Vertèbres.

Des différentes pièces qui entrent dans la composition du squelette, les os symétriques supérieurs à l'axe du tronc, et qui ont reçu le nom de *Vertèbres*, sont évidemment les plus essentiels; aussi les zoologistes en ont-ils tiré la dénomination caractéristique de tout le premier type de la série animale. En effet, presque toutes les autres parties du squelette peuvent ne pas exister, elle seule est constante, parce qu'en même temps qu'elle fait partie de l'appareil locomoteur, par la manière dont elle est composée elle sert d'enveloppe ou d'étui protecteur à la partie centrale du système nerveux de ce type d'animaux.

Définies en général.

Une vertèbre, considérée d'une manière générale, et par conséquent dans son état complet, est un os court, médian, symétrique, formant un corps, partie principale de la vertèbre, aux deux faces opposées de laquelle, externe ou dorsale, interne ou ventrale, s'applique un arc plus ou moins développé, d'où résultent deux canaux, l'un au dos, l'autre au ventre.

La proportion de ces trois parties est en rapport direct avec le développement de l'organe à protéger, c'est-à dire du système nerveux en dessus et du système vasculaire en dessous, et avec celui de l'appareil locomoteur; c'est-à-dire que quand celui-ci est au *summum*, le corps de la vertèbre atteint tout le développement dont il est susceptible, au point de rester quelquefois seul comme à la queue; aussi jamais ne manque-t-il entièrement, même quand les arcs supérieurs ou inférieurs atteignent leur *maximum*, comme on le voit aux vertèbres céphaliques pour les premiers, et aux vertèbres coccygiennes pour les seconds.

Les vertèbres, dont la série constitue la colonne vertébrale, se joignent les unes aux autres bout à bout, principalement par le corps, de manières très-diverses; c'est-à-dire en se soudant complétement entre elles d'une manière tout à fait immobile, comme on le voit dans la composition de la tête et du sacrum, ou d'une manière semi-mobile, au moyen d'une substance qui passe de l'une à l'autre; ou enfin d'une manière complétement mobile, par arthrodie ou par condyle.

De leurs connexions entre elles, par le corps,

Outre le mode principal d'articulation des vertèbres entre elles, elles peuvent encore se joindre au moyen de l'arc osseux dorsal, soit d'une manière mobile à l'aide de surfaces articulaires condyloïdiennes, soit d'une manière immobile, et quelquefois par toute la circonférence de l'arc, comme cela a lieu constamment à la tête.

par l'arc supérieur.

En considérant l'axe vertébral du corps d'un animal vertébré, on voit que les vertèbres qui le composent forment deux cônes opposés base à base, l'un beaucoup plus court ayant son sommet en avant et constituant la tête, l'autre bien plus étendu, dont le sommet est en arrière, formant ce que l'on nomme généralement le tronc; et comme ces vertèbres, par quelques dispositions de forme, correspondent assez bien à des particularités de la forme extérieure de l'animal que l'on désigne sous le nom de tête, de col, de poitrine ou thorax, de ventre ou abdomen, de bassin et de queue, on distingue les vertèbres en autant d'espèces sous le nom de céphaliques, cervicales, dorsales ou thoraciques, lombaires, sacrées et coccygiennes, distinction qui est assez loin de rester également tranchée dans les cinq classes d'ostéozoaires, si ce n'est pour les premières sortes, et peut-être pour les dernières.

De leur ensemble; constituant deux cônes opposés: la Tête en avant, le Tronc en arrière, composés de Vertèbres.

Quoi qu'il en soit, on caractérise ordinairement en prenant la mesure dans l'homme :

Des Vertèbres céphaliques,

Les vertèbres céphaliques, par leur position tout à fait antérieure, par leur décroissement d'arrière en avant, par la petitesse proportionnelle de leur corps et la grandeur de leur arc supérieur, et parce qu'elles sont toujours plus ou moins articulées d'une manière immobile aussi bien par leur corps que par leur arc.

cervicales,

Les vertèbres cervicales, par leur position entre les précédentes, et les vertèbres thoraciques ou costifères, par leur mobilité constante, sauf chez quelques cétacés, et moins exclusivement peut-être parce que la base de leur apophyse transverse est percée d'un trou.

dorsales ou thoraciques,

Les vertèbres dorsales ou thoraciques sont celles qui sont pourvues d'appendices costiformes articulées avec elles diversement.

lombaires,

Les lombaires, celles qui suivent, et qui n'ont plus de côtes, même incomplètes.

sacrées,

Les vertèbres sacrées ne se distinguent des précédentes qu'en ce qu'elles donnent articulation plus ou moins solide aux membres postérieurs.

coccygiennes ou caudales.

Les vertèbres coccygiennes enfin, terminent le cône postérieur et décroissent toujours plus ou moins notablement de la première à la dernière.

Des Os médians sternaux ou Sternèbres.

La seconde série des os médians ou symétriques, celle qui est inférieure à l'axe du corps, porte dans mon système anatomique le nom de *Sternèbres.*

Toujours bien moins nombreux que dans la série vertébrale, ils ne sont jamais formés que par un corps ou pièce médiane sans arc osseux supérieur ni inférieur.

Ils ne s'articulent jamais entre eux d'une manière mobile, rarement même semi-mobile.

Partagés en deux groupes : guttural (Hyoïde), thoracique (Sternum).

Ils forment deux groupes constamment distincts, l'un en avant sous la racine de la tête et connu sous le nom d'*Hyoïde;* l'autre plus ou moins reculé, qui constitue le *Sternum*, élément inférieur de la poitrine.

Des Os latéraux ou pairs, ou Appendices. α. retenus : à la Tête. Mâchoires;

Les appendices qui peuvent s'ajouter sur les parties latérales de ces deux séries de pièces médianes, portent le nom de *mâchoires* à la tête, de *cornes* à l'hyoïde, de *côtes vertébrales* ou *sternales* au tronc, et enfin de membres, quand ces appendices, plus ou moins complexes suivant leur degré de développement, sont libres à leur extrémité terminale.

a la Gorge (Cornes); au Thorax (Côtes). b. Libres : Membres.

Les mâchoires, qui ne manquent jamais dans ce type, quelque déformées qu'elles paraissent, sont les appendices de la seconde et de la troisième vertèbre céphaliques; d'où les noms de mâchoire supérieure ou antérieure pour l'une, et celui de postérieure ou d'inférieure pour l'autre, par lesquels on les désigne suivant la position qu'on donne à l'animal.

Des Appendices céphaliques ou des Mâchoires en général.

Elles ont pour caractère commun de n'être jamais libres à l'extrémité, ou du moins d'être complétement retenues, et d'être plus ou moins complexes, c'est-à-dire formées d'un certain nombre de pièces jointes ensemble par diverses sortes d'articulations.

La mâchoire supérieure, généralement la plus immobile, pouvant se joindre à la tête par trois racines, une inférieure palatine, une latérale zygomatique, et une troisième supérieure lacrymale, est, dans son état complet, formée de trois pièces placées bout à bout et recevant les dents, pièces nommées dans l'homme l'apophyse ptérigoïde interne, le palatin, le maxillaire et le prémaxillaire ou incisif.

Distinguées en antérieure ou supérieure,

La mâchoire inférieure, à son état de plus grande complication, naît sur les côtés de la troisième vertèbre céphalique, par l'os temporal, appliqué contre elle, par les osselets de l'ouïe en connexion avec le bulbe auditif ou rocher, se prolonge par l'os de la caisse, le cercle du tympan, et se termine par les deux parties ou branches de la mandibule, dont l'antérieure seule porte les dents.

inférieure ou Mandibule.

Les appendices trachéliens, plus ou moins complexes, plus ou moins nombreux, suivant le nombre des sternèbres hyoïdiennes, vont se joindre d'une manière plus ou moins immédiate sous la dernière vertèbre céphalique.

Des Appendices gutturaux.

Les appendices thoraciques peuvent être de deux sortes, c'est-à-dire naître ou s'articuler avec les vertèbres ou avec les sternèbres, et se rencontrer ou se joindre les uns les autres, ce qui constitue des côtes vraies

Des Appendices thoraciques ou Côtes, distinguées en

Vertébrales et Sternales, en Sternales et Asternales.

dans le premier cas, ou des fausses côtes dans le second, et, dans celui-ci, descendre des vertèbres ou remonter des sternèbres.

Des Appendices libres ou Membres en général.

Les appendices libres ou membres, les plus importants à considérer comme indices d'élévation dans la série animale, ne sont jamais au-dessus de deux paires, l'une antérieure, l'autre postérieure, et plus ou moins éloignées entre elles, mais peuvent manquer complétement dans les trois dernières classes d'Ostéozoaires.

Composés de quatre parties.

Dans leur état le plus complet, ils sont composés de quatre parties, la ceinture osseuse, épaule en avant, bassin en arrière; le pédoncule, bras en avant, cuisse en arrière; le manche, avant-bras en avant, jambe en arrière, et enfin la partie terminale ou instrument, main en avant et pied en arrière.

1. La Ceinture: l'Épaule ou le Bassin;

L'épaule, comme le bassin, ne sont jamais composés que de trois os, l'omoplate ou iléon, la clavicule ou pubis, le préiskion ou l'iskion; mais l'un et l'autre peuvent être réduits à deux ou même à un.

2. le Pédoncule: le Bras ou la Cuisse;

Le bras, comme la cuisse, n'est jamais formé que d'un seul os, l'humérus ou le fémur.

3. le Manche: l'Avant-bras ou la Jambe;

L'avant-bras, comme la jambe, ont au plus deux os placés parallèlement, le radius ou tibia, le cubitus ou péroné.

4. l'Instrument: la Main ou le Pied; composés de trois parties: le Carpe ou le Tarse, le Métacarpe ou le Métatarse, les Doigts.

Enfin, l'instrument, la main en avant, le pied en arrière, est toujours bien plus compliqué, puisque outre trois groupes d'os placés l'un avant l'autre: 1° le carpe ou le tarse, 2° le métacarpe ou le métatarse, et 3° les phalanges, ces groupes sont eux-mêmes répétés latéralement, et, par conséquent, augmentent d'une manière en rapport avec la multiplicité des mouvements.

Dans le plan et dans le but de notre ouvrage, nous avons cru devoir nous borner à ces généralités ostéologiques, dans lesquelles nous aurions pu dire encore quelque chose: 1° sur la composition chimique des os, dans lesquels la partie solidifiante est toujours formée en grande partie de phosphate de chaux et d'une certaine proportion de carbonate de la même base; 2° sur l'ossification qui, commençant par le corps de l'os et par ses deux extrémités, a donné lieu à ce que celles-ci, tant qu'elles ne sont pas encore réunies, ont été distinguées sous le nom d'*épiphyses*; 3° sur la structure anatomique, qui a permis de distinguer les os en os celluleux, éburnés ou fistuleux, suivant que la moelle qu'ils peuvent contenir intérieurement est également répartie ou qu'elle est nulle, tant le tissu de l'os est serré; ou enfin qu'elle est rassemblée en masse dans le milieu de l'os, ce qui produit par son ablation un canal plus ou moins considérable.

Nous aurions également pu nous arrêter un moment pour traiter des changements de distinction ou de séparation, de forme ou de proportion surtout, que les os éprouvent avec l'âge, et suivant que les individus dont ils proviennent étaient parvenus au maximum de leur développement et de leur force, par l'heureuse réunion de toutes les circonstances favorables et l'absence de celles d'un effet opposé; mais comme chaque classe d'Ostéozoaires offre sous tous ces rapports des différences extrêmement tranchées, il nous a semblé plus convenable, pour éviter des redites inutiles, de nous réserver d'en parler, brièvement cependant, au commencement de l'ostéographie de chaque classe.

Nous allons maintenant passer en revue les autres genres de parties solides qui peuvent entrer dans la composition des animaux vertébrés, et qui, par conséquent, pourraient se trouver à l'état fossile; mais auparavant nous devons avertir que nous ferons un chapitre à part d'une certaine classe d'os, peu nombreux cependant, et qui, quoique appartenant à l'appareil locomoteur, ne font pas réellement partie du squelette.

DES OS DES TENDONS OU DES SÉSAMOÏDES.

Les anatomistes de l'homme les désignent depuis longtemps par le nom de sésamoïdes, à cause de leur forme comparée à celles de la graine de sésame, nom auquel on a substitué, dans ces derniers temps, celui d'ostéides, pour faire sentir leurs différences avec les os proprement dits. On peut cependant les regarder comme des apophyses libres de ces os; et, en effet, c'est dans les tendons, et à l'endroit où ils vont s'insérer à une pièce du squelette, que se trouvent ces ostéides, pour augmenter l'action des muscles.

Ces ostéides, du reste, se trouveront naturellement partagés, suivant qu'ils appartiennent au tronc ou aux membres, et dans ce cas aux antérieurs ou aux postérieurs.

DES OS DE LA PEAU.

DERMOS (*Dermatostea*).

Des Os de la peau. Définis. Constituant dans leur ensemble le Sclerette.

Nous avons déjà dit plus haut que nous comprenions sous le nom de *dermatostea*, ou d'os du derme, les parties solides qui entrent quelquefois dans la composition de la peau, qui la solidifient dans sa partie la plus importante, le derme, et dont l'ensemble constitue ce que, dans mon système général d'anatomie, j'ai désigné sous le nom de *Sclerette.*

Ce genre de parties solides se trouve assez rarement chez les animaux vertébrés, tandis qu'il est presque caractéristique chez les Entomozoaires. Cependant nous aurons l'occasion de l'observer chez un petit nombre de Mammifères (les Tatous), dans quelques familles de reptiles, les Crocodiles et les Scinques, et dans quelques espèces de poissons de différents genres.

Envisagés dans leur nature chimique.

La nature de ces dermos est tout à fait semblable à celle des véritables os, c'est-à-dire qu'ils sont formés d'une quantité plus ou moins considérable de matière calcaire à l'état de phosphate et de carbonate, combinée avec une proportion plus ou moins considérable de matière animale, gélatineuse ou muqueuse.

Leur structure.

Leur structure a aussi une certaine ressemblance avec celle des os, avec cette différence importante qu'elle n'est jamais celluleuse et réticulée, et que, par conséquent, les dermos n'offrent jamais de moelle à la manière des os.

Leur forme.

Quant à la forme générale des dermos, ils sont assez ordinairement polygonaux, lisses ou presque lisses, légèrement concaves à la face interne; plus ou moins rugueux ou guillochés, et sub-convexes à la face externe; leurs bords, quelquefois denticulés, quand ils s'articulent entre eux, sont d'autres fois entiers, quand le dermos prend un caractère squammiforme et imbriqué.

Les dermos, séparés entre eux par des intervalles flexibles, plus ou moins considérables, dans lesquels se passent les mouvements en général fort peu étendus, se groupent entre eux de manières assez diverses pour constituer des espèces de cuirasses, de boucliers, de plastrons, de cuissarts, de jambarts plus ou moins étendus, occupant des parties distinctes et limitées de la peau, ou l'occupant tout entière et formant alors un sclerette complet, comme dans les Scinques, parmi les Reptiles, et dans les Coffres chez les poissons. Leur disposition.

DES OS DES BULBES.

BULBOS (*Bulbostea*).

Nous avons vu plus haut que l'on pouvait encore rencontrer, dans l'organisation normale des Ostéozoaires, des parties solides qui ne sauraient entrer dans aucune des catégories précédentes; ce sont celles qui servent à solidifier plus ou moins complétement un bulbe sensorial, comme l'œil et l'oreille. Et comme les os de cette sorte sont évidemment destinés pour un but différent, on voit comment ils peuvent n'avoir de commun que leur position anatomique; leur forme, leur nature chimique, leur structure anatomique étant nécessairement variables. En effet, la partie qui solidifie la cornée, dans certaines classes d'animaux vertébrés, peut être cartilagineuse, fibroso-calcaire ou complétement calcaire; elle peut même être entièrement éburnée; par exemple, dans l'os nommé à cause de cela *rocher* ou os pétreux dans l'oreille des Mammifères. Définis seulement par leur position anatomique; du reste variables sous tous les autres rapports.

Elle peut alors être indivise ou partagée en plusieurs pièces régulières ou irrégulières; c'est ce que démontreront nos spécialités pour chaque classe.

DES OS VISIBLES OU EXTÉRIEURS.

PHANÉROS (*Phanerostea*) (1).

Définis.

J'emploierai cette dénomination pour désigner le quatrième genre de parties solides qui se rencontrent dans les animaux vertébrés; il comprend les dents, se développant en général dans la peau qui tapisse la cavité buccale, ainsi que les boucles et autres productions analogues qui se montrent à la surface de la peau de quelque partie du corps d'un Ostéozoaire.

Caractérisés par leur position à la surface;

Le caractère propre de ce genre de parties solides est de se produire et de se montrer à l'extérieur à découvert dans une plus ou moins grande partie de leur étendue, le reste étant plus ou moins profondément implanté dans les tissus sous-jacents.

par leur nature chimique;

Leur nature chimique est encore à peu près la même que celle des deux genres précédents. Seulement la matière inorganique est dans des proportions bien plus grandes que l'organique, et encore celle-ci n'est pas dans les mêmes conditions que dans les os, n'étant pas dans les phanéros primitive, essentielle, comme dans ceux-là, mais, suivant moi, pour ainsi dire accidentelle, et servant de lien, de gluten a l'autre.

par leur structure anatomique, laissant distinguer l'ivoire.

La structure anatomique des phanéros est peut-être encore plus différente de celle des os que la composition chimique. En effet, au lieu d'être formé d'une même trame cellulo-gélatineuse ou cartilagineuse, dans les mailles de laquelle serait déposée la matière calcaire solidifiante, formant elle-même un réseau plus ou moins serré, et contenant des sucs médullaires, le phanéros est composé de cônes lamelleux extrêmement minces, s'emboîtant les uns les autres, et se serrant et se réunissant entre eux d'une manière si intime, si complète, qu'il en résulte un tout homogène compacte, cassant, revêtu souvent à sa

(1) Ou bien Externos (*Externossa*).

surface d'une couche plus ou moins épaisse, d'une matière autrement produite et autrement disposée, puisqu'elle est par fibres perpendiculaires aux couches du noyau.

l'émail.

Celles-ci constituent l'ivoire du phanéros et celle-là l'émail. Et comme il arrive que plusieurs de ces phanéros ou de leurs parties sont quelquefois réunis entre eux en un tout indivis par une autre substance granuleuse, on la distingue par le nom de *cément*. Dans ce cas, la dent est au maximum de complication.

le cément.

La forme d'un phanéros, comme nous le verrons successivement en détail à mesure que nous prendrons un groupe à part, est d'une très-grande importance en zooclassie, et par conséquent en paléontologie; mais en ce moment nous n'avons besoin d'en parler que d'une manière très-générale.

par leur forme,

Pour bien comprendre la forme générale d'un phanéros, il faut savoir que c'est une partie morte et produite, exhalée à la surface d'un bulbe producteur ou phanère, en continuité organique avec le corps animal, et implantée plus ou moins profondément dans le derme et même dans les tissus sous-jacents; et que, par conséquent, la forme du bulbe producteur détermine rigoureusement celle du produit ou du phanéros.

expliquée

Or, par la production seule des couches de celui-ci appliquées successivement, en dedans les unes des autres, sur le bulbe producteur seul vivant, seul lié par le système vasculaire et par le système nerveux au reste de l'organisme, ce bulbe diminue de volume en même temps que de puissance productrice; en sorte qu'il arrive un moment où les cônes composants, ayant cessé de s'accroître en diamètre avec le bulbe lui-même, commencent à diminuer avec lui. Lorsqu'enfin celui-ci marche peu à peu vers une disparition presque complète, la disposition des couches, toujours décroissante en diamètre, finit par produire un cône opposé par la base à celui produit dans la période d'accroissement.

par le mode de production.

Ce premier cône simple ou complexe se nomme pour les dents *la couronne*: c'est le seul qui se couvre d'émail et qui soit extérieur; le

D'où résultent la Couronne

cône opposé, également simple ou complexe, est désigné sous le nom de *racine*, parce qu'en effet c'est lui qui semble s'enfoncer dans les tissus sous-jacents et dans les os quand il y en a; et, enfin, le limbe de jonction est le *collet*.

la Racine, le Collet.

D'après cette étiologie que nous avons réduite à sa plus simple expression, l'on voit comment le phanéros, corps évidemment étranger à l'organisme, quoiqu'il en soit le produit, tend continuellement à être chassé, poussé au dehors par l'action incessante d'accroissement de l'os, dans un sinus duquel le bulbe était placé et s'est développé.

Un phanéros a donc pour caractère important, qui le rapproche des poils, d'être caduc à une époque variable de la vie de l'animal. Nous verrons même que, chez les Mammifères, il y a pendant le cours de leur vie deux systèmes de dents tout différents de nombre et de formes, dont celui de jeune âge, dit de lait, constitue une sorte de livrée, comme il y en a en effet pour la robe ou le pelage.

Par leur place; d'où les Piquants ou Boucles,

Les phanéros, seulement considérés d'après la différence de leur position à la surface du corps des Ostéozoaires, se distinguent en *dents* et en *boucles* ou *piquants*, quelquefois même dentiformes, comme au vomer ensiforme des Scies. Ceux-ci, ainsi que les boucles, sont les phanéros qui existent à la surface de la peau extérieure, et qui rarement s'implantent dans le squelette.

et les Dents. Distinguées suivant les os en rapport,

Les dents sont au contraire les phanéros qui se développent à la surface de la peau buccale, s'enfonçant ou non dans le tissu osseux, et, dans ce cas, prenant des dénominations particulières, suivant l'os avec lequel elles sont en rapport; d'où les noms de dents prémaxillaires, maxillaires et palatines.

l'usage.

Souvent aussi l'usage qu'on leur a attribué de couper, de déchirer, de moudre la nourriture, les a fait dénommer incisives, laniaires et molaires; mais ces détails seront mieux placés quand nous parlerons des Mammifères, chez lesquels ces différences de forme sont mieux prononcées.

DES OS INTERNES DE PHANÈRES.

PETROS (*Petrosta*) (1).

Défini, par leur position.

Le quatrième genre de parties solides de l'organisation des Ostéozoaires est d'une importance infiniment moindre que les trois précédents, puisqu'il comprend seulement celles qui, produites comme le phanéros par un phanère, ne sont jamais visibles à l'extérieur, enfermées qu'elles sont profondément dans l'organe.

Je les avais désignées depuis longtemps sous le nom d'*otolithes*, mais je préfère celui de *petros*, signifiant la même chose, comme plus en harmonie avec les dénominations des autres genres de parties solides; celle d'otolithe restera spécifique.

Leur composition chimique.

Leur composition chimique paraît entièrement calcaire, mais seulement à l'état de carbonate, du moins dans les otolithes.

Leur structure.

Leur structure, dans ce cas, entièrement pierreuse, cassante, se montre formée de couches complétement concentriques, s'enveloppant les unes les autres; la plus ancienne, la plus petite, au centre; la plus nouvelle, la plus grande, à la circonférence; absolument comme pour les pierres accidentelles de la vessie ou de la vésicule du fiel.

Leur forme.

Leur forme est nécessairement variable et sans doute spécifique.

Les organes auxquels ils appartiennent.

Leur position dans l'œil ou dans l'oreille détermine leur distinction en *ophthalmolithes* et *otolithes*.

Dans le premier cas c'est le crystallin, dans le second les pierres de l'oreille; l'un différant des autres au moins autant sous le rapport de la composition chimique que sous celui de la position, comme nous le verrons plus tard.

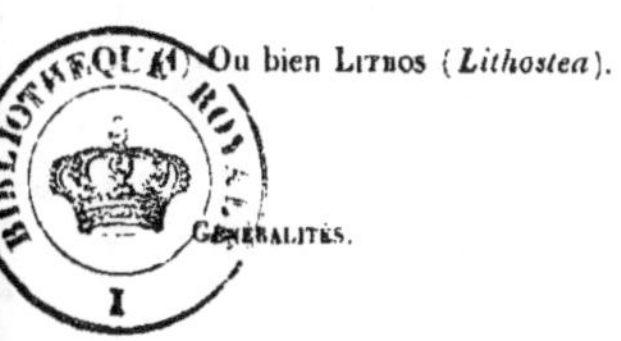

(1) Ou bien Lithos (*Lithostea*).

DES OS INTÉRIEURS.

ENDÉROS (*Enderostea*) (1).

Des Os de l'intérieur.

Définis.

Enfin, pour compléter notre étude de toutes les parties solides qui peuvent se rencontrer dans les Animaux Vertébrés, je suis obligé de former un cinquième et dernier genre pour comprendre les os qui n'appartiennent à aucune des catégories précédentes, et qui se trouvent pour ainsi dire épars dans la profondeur de l'organisme, comme l'os de l'organe excitateur dans un assez grand nombre de Mammifères, et l'os du cœur que l'on trouve également chez quelques-uns de ces animaux.

Distingués en Os du Pénis et Os du Cœur.

Du reste, sauf la position, ces os, que l'on pourra désigner sous les noms d'*internos* (*internossa* ou *enderostea*), ce qui veut dire *os intérieurs*, *os profonds*, ont la même composition chimique, la même structure anatomique que les os proprement dits, et surtout que les ostéides.

La forme de celui du pénis est régulière, quoique différente pour chaque espèce; quant à celui du cœur, il est toujours très-irrégulier.

Après cette esquisse rapide de l'ensemble des parties solides chez les Ostéozoaires, esquisse placée ici plutôt pour donner la définition des mots que nous emploierons fréquemment, que dans tout autre but, nous allons étudier chacun de ces cinq genres d'os dans chaque classe et dans chaque grand genre Linnéen, en faisant cependant toujours précéder notre première description dans chaque classe de quelques généralités sur celle-ci.

Nous aurions pu suivre une autre marche, et qui consisterait à envisager complétement un genre d'os dans toute la série, et ainsi successivement pour les autres, ce qui aurait donné une indépendance complète à chacun; mais il nous a semblé que l'ordre adopté offrait moins d'inconvénients et plus d'avantages.

(1) Ou bien INTERNOS (*Internossa*).

OSTÉOGRAPHIE

DES

MAMMIFÈRES.

Dans cette grande classe d'animaux si voisins, sous le rapport matériel, de l'espèce humaine, presque tous les genres d'os ou de parties solides peuvent se trouver à la fois, quoique fort rarement cependant; en sorte que, sous ce rapport, comme sous tous les autres, les Mammifères doivent encore être placés à la tête du type des *Ostéozoaires*, car ce sont évidemment les plus osseux. On trouve, en effet, chez eux, les os les plus solides, mais en outre les os proprement dits et les Ostéides, les Dermos, les Phanéros, les Endéros et les Bulbos; il n'y a peut-être que les Petros qui n'existent pas chez eux, du moins à l'état solide, car on les y trouve à l'état sub-gélatineux.

DES OS CONSTITUANT LE SQUELETTE.

Le système osseux, dans cette classe d'Animaux Vertébrés, se distingue assez bien de celui des autres classes, parce qu'il est formé d'une proportion assez considérable de matière inorganique, comparativement à la matière organique, presque entièrement gélatineuse, et que celle-ci, sans doute à cause de l'intimité de sa combinaison, persiste fort longtemps après la mort de l'animal; on sait, en effet, que des os fossiles des plâtrières de Montmartre ont encore noirci lorsque Vauquelin les exposa à l'action du feu. Définis.

Sa structure, sur laquelle les anatomistes sont encore loin d'être d'accord, du moins pour l'analyse microscopique, est en grande partie celluleuse dans les os courts et aux extrémités des os longs, et ces cellules sont tou- Leur structure. différente suivant l'os. La partie de l'os, jours remplies d'une matière médullaire; mais à la périphérie de ces derniers surtout, elle se serre quelquefois d'une manière si forte que l'os devient éburné, à cassure presque conchoïde, et présente alors une pesanteur spécifique considérable, tandis qu'au milieu, dans le centre de l'os, les cellules se dilatent, se raréfient, disparaissent même, et il en résulte une cavité fistuleuse remplie d'un cylindre de moelle.

Cependant il paraît que le système osseux des Mammifères est généralement plus dense que dans les quatre autres classes d'Ostéozoaires.

Leur développement différent suivant

Chez les mammifères l'ossification se fait en général d'une manière assez rapide, quoique beaucoup moins que dans les oiseaux, et dès lors la réunion des épiphyses dans les os longs, quoique bien marquée, n'est pas aussi prompte que dans la classe que je viens de citer.

les circonstances,

Comme dans la plupart des Mammifères les actions musculaires sont souvent très-intenses, non-seulement pour la translation, mais surtout pour quelques locomotions spéciales qui demandent des efforts considérables, il en est résulté que les apophyses, les crêtes, les lignes d'insertion musculaires sont en général bien plus prononcées que dans les autres classes; que les os sont plus anguleux, plus tourmentés, pour ainsi dire. Les surfaces articulaires sont plus profondes, plus engrenées, et, par conséquent, les articulations plus serrées.

l'âge.

Chez eux également l'influence de l'âge, du sexe, et des circonstances favorables ou défavorables, se fait sentir d'une manière beaucoup plus prononcée, non-seulement par un plus ou moins grand développement du squelette en totalité, mais encore par des différences dans les proportions de certaines parties; mais c'est surtout la tête qui, par suite des changements du système dentaire, implanté dans les mâchoires, offre les modifications différentielles les plus frappantes. En effet, avec l'allongement des maxillaires, s'harmonise une disposition concordante dans l'arcade zygomatique, dans les fosses temporales et dans les crêtes qui les étendent dans tous les sens. Avec une vie plus active, une respiration et des efforts plus soutenus, les sinus frontaux, et, par conséquent, les crêtes surcilières se développent; mais si la tête, dans toutes ses parties, a éprouvé ainsi des modifications en plus, elle a elle-même une réaction sur les vertèbres, sur leurs apophyses et sur les côtes, réaction qui s'étend sur les os des membres, qui deviennent plus robustes et proportionnellement plus courts; car il est digne de remarque que, dans l'agrandissement du squelette et de ses parties, les dimensions en largeur croissent dans une proportion plus grande que celle en longueur.

Le nombre des os ou des pièces du squelette des Mammifères n'est jamais assez fixe pour être pour ainsi dire classique, si ce n'est quand on en borne la considération à telle ou telle partie limitée, comme à celui de sept pour les vertèbres cervicales, ou de trois pour les phalanges des doigts; ce qui n'est pas même absolument constant. Du nombre des Os.

Il en est de même dans la disposition des os pour la construction du squelette; mais dans la forme et la manière dont les pièces sternales sont placées bout à bout, on peut trouver quelque chose qui leur est exclusivement propre. Leur disposition,

Quant à la forme de chaque pièce en particulier et à la manière dont elles sont groupées et articulées, il en est peu qui n'offrent pas quelque chose de tout à fait caractéristique, comme nous allons le montrer facilement en les passant en revue dans un ordre un peu moins philosophique ou scientifique que dans notre aperçu exposé plus haut. En effet, n'adoptant pas la séparation tranchée des pièces médianes et des appendices, nous parlerons de ceux-ci immédiatement après l'exposition de celles des premières, auxquelles ils appartiendront. leur forme.

Des vertèbres céphaliques, la première a son corps en forme de vomer ou de lame triangulaire plus ou moins avancée, et son arc osseux est formé par une paire d'os nasaux en contact l'un avec l'autre par leur côté interne dans la ligne médiane. Cette disposition ne souffre aucune exception chez les Mammifères. Des Vertèbres céphaliques : nasale,

La seconde a un anneau frontal considérable, aussi bien que la troisième et la quatrième ou dernière, avec laquelle s'articule la seconde partie de la colonne vertébrale par deux condyles ovales, divergents, plus ou moins rapprochés, mais jamais confondus en un seul. frontale,

Quant au corps de ces trois vertèbres exclusivement crâniennes, il s'accroît de la première à la dernière, qui forme la base du crâne, se dilatant plus ou moins de chaque côté en ailes, pour monter et atteindre l'anneau correspondant, et il est percé un peu diversement pour la sortie des quatre groupes de nerfs cérébraux.

pariétale, occipitale.

Des Mâchoires. Supérieure. Ses racines.

Des deux paires d'appendices de la tête ou des mâchoires, l'antérieure a toujours au moins sa racine inférieure et postérieure, et l'os ptérygoïde qui la constitue est fort peu considérable, doublant à sa face interne une apophyse descendante du sphénoïde postérieur ou du corps de la troisième vertèbre, connue sous le nom d'apophyse ptérygoïde externe. Cette particularité du palatin postérieur est encore exclusivement propre aux Mammifères.

Ses parties constituantes.

Des trois pièces qui en constituent le corps, toujours solidement et immobilement joint à la tête, la postérieure, constamment fort petite, ne porte jamais de dents, et l'antérieure ou prémaxillaire est toujours plus petite que la maxillaire, et sa branche montante ne se joint jamais à celle de l'os de l'autre côté de la ligne médiane.

Inférieure ou Mandibule.

Sa partie essentielle : indivise à tout âge.

L'autre paire d'appendice céphalique ou de mâchoire, souvent nommée mandibule, est toujours et à tout âge complétement indivise, ce qui est exclusivement propre à cette classe d'animaux; de ses deux branches, l'horizontale porte seule les dents, et la verticale se partage ordinairement en trois apophyses, l'une inférieure, dite angulaire; l'autre supérieure, dite coronoïde, et enfin une moyenne, dite articulaire, et pourvue en effet d'un condyle diversiforme pour l'articulation.

Sa racine par l'os temporal.

Cette mandibule se joint en effet sur les côtés du crâne par un os squammiforme ou temporal, immobile, appliqué contre les os de l'arc de la deuxième, de la troisième et quelquefois même de la quatrième vertèbre céphalique, comprenant, soudé inférieurement avec lui, le canal auditif externe, la caisse du tympan (contenant les osselets de l'ouïe), qui appartiennent aussi à cet appendice, et encore un os pierreux, irrégulier plus qu'aucun os du corps, nommé à cause de cela *Rocher*, et qui n'est, dans notre système d'anatomie, qu'une enveloppe du bulbe otique, et qui, réuni avec les pièces solides qui entrent dans la composition de la sclérotique de certains Ostéozoaires, compose notre troisième sorte d'os; mais que, pour la commodité de la description, nous conserverons dans les os de la tête.

Les vertèbres complètes du tronc des Mammifères ont pour caractère commun de se joindre entre elles dans toute l'étendue de leur corps par continuité de substance et d'avoir à l'arc dorsal une échancrure plus ou moins profonde de chaque côté de ses pédoncules, formant les trous dits de conjugaison, des apophyses d'articulation mobile, dites à cause de cela articulaires, une paire en avant, une paire en arrière, souvent une paire d'apophyses transverses et une apophyse épineuse dorsale. Des Vertèbres du Tronc, en général

Du reste, il n'est pas vrai que les vertèbres des Mammifères se distinguent toujours de celles des autres classes d'Ostéozoaires, parce que les surfaces qui en terminent le corps sont constamment planes; elles sont quelquefois convexes en avant et concaves en arrière, comme cela se voit évidemment aux vertèbres cervicales dans beaucoup de ruminants, et d'ailleurs plusieurs reptiles ont certainement les vertèbres plates, et certains poissons les ont convexo-concaves, avec mobilité synoviale.

Dans tous les Mammifères, la distinction des vertèbres en cervicales, dorsales, lombaires, sacrées et coccygiennes, est presque toujours facile, si ce n'est lorsque les membres postérieurs viennent à manquer, comme dans les cétacés, celles de chaque groupe ayant des caractères qui lui sont propres, et quoique les dernières de chacun passent assez insensiblement à la première du groupe suivant.

Les cervicales ne sont jamais au-dessus ni au-dessous de sept, à une exception près en plus et peut-être une autre en moins. Cervicales.

Les deux premières, nommées *Atlas* et *Axis*, la première parce qu'elle porte la tête, et la seconde parce que c'est sur elle que tourne la première emportant la tête avec elle, sont toujours aisées à distinguer, par l'échancrure du corps, l'absence d'apophyse épineuse et la dilatation aliforme des apophyses transverses pour la première, et, au contraire, pour la seconde; par l'élévation du corps en apophyse odontoïde plus ou Atlas. Axis.

moins prononcée, la grandeur de l'apophyse épineuse en large crête, et l'absence des apophyses transverses.

Intermédiaires. Les quatre cervicales suivantes ont pour caractère commun d'avoir l'apophyse transverse percée d'un trou à sa base pour le passage de l'artère vertébrale.

7e ordin. proéminente. Et la septième de ne pas offrir cette particularité, ce qui la fait assez bien ressembler aux vertèbres dorsales, et cela d'autant plus que son apophyse épineuse est en général assez développée pour qu'on désigne quelquefois cette vertèbre par le nom de *proéminente.*

Dorsales. Les vertèbres dorsales, en quelque nombre qu'elles soient, ont pour caractère différentiel d'avoir une petite facette articulaire à l'angle supérieur du corps, en avant comme en arrière pour toutes les antérieures, et seulement vers la partie antérieure pour les deux ou trois dernières.

D'abord un peu plus larges dans leurs corps, elles diminuent ensuite, pour augmenter de nouveau à mesure qu'elles se rapprochent davantage des lombaires.

Toutes ont, du reste, les lames des arcs plus ou moins larges et recouvrantes, les apophyses articulaires bien marquées, les antérieures un peu imbriquées, et plus ou moins tuberculeuses en dehors; les apophyses épineuses en général fort élevées, plus ou moins couchées en arrière, sauf pour les dernières, qui se redressent et quelquefois s'inclinent un peu en sens inverse; les apophyses transverses pourvues en dessous d'une facette articulaire à l'extrémité, et en dessus de tubercules d'insertion musculaire.

Lombaires. Les vertèbres lombaires se distinguent toujours aisément des précédentes par l'absence de facette articulaire au corps, qui est toujours large; les lames ne s'imbriquent pas, les apophyses articulaires tendent à s'enchevêtrer par le développement d'une sous-apophyse en arrière, les épineuses sont larges, verticales ou couchées en avant, ainsi que les transverses horizontales.

Sacrées. Les vertèbres sacrées, en nombre un peu variable, ont pour caractères de se souder non-seulement dans leurs corps, mais encore dans leurs apophyses transverses élargies et épaissies, de manière à constituer ce qu'on nomme le *Sacrum*, dont la première des vertèbres composantes ressemble beaucoup à la lombaire contiguë, et la dernière à la première coccygienne; de leur réunion résulte une double série de trous en avant comme en arrière, une série d'apophyses épineuses formant ou non une crête médiane, et quelquefois de chaque côté une série moins marquée de tubercules, restes des apophyses articulaires.

Vertèbres coccygiennes partagées en trois groupes.

Les vertèbres coccygiennes ou caudales, en nombre beaucoup plus variable chez les Mammifères qu'aucune des sortes précédentes, peuvent se partager en trois groupes : celles du premier, presque semblables à la dernière sacrée, offrent encore presque toutes les particularités de véritables vertèbres, c'est-à-dire un arc osseux avec deux parties d'apophyses articulaires, une apophyse épineuse et des apophyses transverses ; (Premier.)

Celles du groupe suivant ont l'arc osseux beaucoup moins étendu et les apophyses transverses peu marquées ; (Second.)

Enfin, celles du dernier groupe, qui constituent la plus grande partie de la queue, et qui la terminent, sont réduites au corps de la vertèbre, qui s'allonge et s'atténue avec quatre apophyses en croix égales ou inégales. (Troisième.)

Des Sternèbres constituant

Les sternèbres n'existent d'une manière bien évidente et formant série que dans cette classe d'Ostéozoaires.

l'Hyoïde,

La partie subgutturale n'est jamais formée que par une seule pièce très-diversiforme, à chaque extrémité de laquelle se joignent deux paires d'appendices ou cornes de proportions diverses: l'une antérieure, qui remonte d'une manière variable jusqu'à la tête; l'autre postérieure, qui va se joindre à l'appareil laryngien.

le Sternum.

La partie thoracique des sternèbres, située à une distance variable de la première, suivant la longueur du col, forme, par la réunion des pièces plus ou moins nombreuses qui la constituent, ce que les anatomistes nomment le sternum.

Des Sternèbres intermédiaires.

Chaque pièce composante ou sternèbre intermédiaire est plus ou moins étranglée au milieu, et par conséquent élargie aux extrémités par où elles s'articulent entre elles, avec échancrure articulaire à chaque angle.

terminales, ant. Manubrium, post. Xyphoïde. Quant aux deux terminales, l'antérieure ou le manubrium a sa partie antérieure différente de la postérieure, et du reste très-variable; et au contraire pour la postérieure, dont c'est la partie postérieure qui est très-diversifiée, quelquefois en forme d'épée romaine, ce qui lui a valu sans doute le nom d'appendice xiphoïde qu'elle porte dans l'anatomie de l'homme.

Des Côtes, Les appendices ou côtes qui, chez les Mammifères, se joignent ou s'articulent avec les deux séries de pièces médianes, sont assez variables de forme et de nombre.

sternales, Les antérieures, qui sont toujours vraies ou sternales, parce qu'elles se rencontrent constamment avec les appendices des sternèbres, offrent toujours supérieurement une tête articulaire avec et entre deux vertèbres dorsales, et un angle également articulaire, mais avec l'apophyse transverse de la vertèbre inférieure, un col ou rétrécissement entre ces deux parties, et enfin un corps plus ou moins comprimé, plus ou moins recourbé, et dont l'extrémité se joint sans solution de continuité au cartilage appendiculaire du sternum.

asternales. Les côtes postérieures ou asternales ont encore une tête et même un angle articulaires, comme les antérieures; mais la partie cartilagineuse qui les termine, quelque longue qu'elle soit, est toujours libre ou flottante sans se joindre au sternum ni à celle du côté opposé, et les deux ou trois dernières n'ont souvent qu'une tête articulaire avec une seule vertèbre.

Des Membres en général. Les appendices libres ou membres, chez les Mammifères, ne sont jamais au-dessous d'une paire; et même dans le cas où les postérieurs semblent manquer à l'extérieur, ils sont représentés à l'intérieur par un os rudimentaire ischiatique suspendu dans les chairs par un long ligament sacro-ischiatique, et auquel s'insère comme de coutume le muscle ischio-caverneux de l'organe excitateur.

Membres antérieurs; Les membres antérieurs des Mammifères, toujours complets, toujours formés des quatre parties normales, ont la première, ou l'épaule, composée de l'omoplate seulement, ou bien de l'omoplate et de la clavicule, ou enfin, dans la dernière sous-classe exclusivement, d'une omoplate, d'une clavicule et d'un préischion; mais dans tous les cas, la ceinture osseuse que ces pièces forment est toujours libre par son extrémité supérieure, et non soudée immédiatement par l'inférieure à la branche du côté opposé. composées de

L'omoplate, dans tous les animaux de cette classe, est toujours un os large, plat, assez mince, convexe en dehors, concave en dedans, de forme habituellement triangulaire, offrant à son angle sternal ou inférieur, le plus épais, une cavité articulaire ovale ou arrondie, et un tubercule plus ou moins saillant, coracoïde, à l'endroit où le bord céphalique vient s'y terminer. Une lame en forme de crête plus ou moins saillante, et partageant sa face externe en deux parties nommées fosse sus-épineuse et fosse sous-épineuse, se prolonge quelquefois en une épine ou en une apophyse recourbée en dehors de l'articulation; c'est elle que l'on nomme acromion, et avec laquelle se fait la jonction avec la clavicule. Omoplate.

Quant à la face concave ou interne, elle porte le nom de fosse sous-scapulaire.

La clavicule des Mammifères, quand elle est complète, est un os long, cylindrique, plus ou moins courbé, et se portant transversalement entre la première sternèbre, avec laquelle il s'articule quelquefois immédiatement, et la terminaison acromiale de la crête scapulaire. Clavicule.

Mais quelquefois cet os est entièrement suspendu dans les chairs, et n'atteint ni le sternum ni l'omoplate, en variant de longueur jusqu'à ce qu'il disparaisse entièrement.

Quant au préischion, comme il n'existe que dans les deux ou trois dernières espèces de Mammifères, nous nous bornerons à dire que, comme dans la plupart des Ostéozoaires ovipares, c'est un os qui, par une extrémité, entre dans la composition de la cavité articulaire, et de l'autre prend un point d'appui sur le sternum. Préischion.

L'humérus, dans cette classe d'animaux, se distingue en général fort aisément de celui des animaux d'autres classes par ses crêtes, ses angles Humérus.

en général bien plus arrêtés, et ensuite par la figure de sa tête scapulaire toujours arrondie, par la saillie des deux tubérosités d'insertions musculaires qui l'accompagnent, l'une en dehors plus grande, l'autre en dedans plus petite; par l'élévation, la saillie et l'étendue plus grande des surfaces d'attache des muscles deltoïde et grand-pectoral, qui descendent de la grosse tubérosité, des crêtes d'insertion des muscles de la main en dehors et en dedans de la surface articulaire inférieure ou de l'avant-bras, qui est toujours bien plus tourmentée, bien plus fouillée que dans l'humérus des autres animaux.

Il en est en général de même pour les deux os de l'avant-bras, même quand le cubitus est réduit à sa tête supérieure ou à son apophyse olécranienne; c'est-à-dire que les crêtes, les angles, les apophyses d'insertions musculaires, les facettes articulaires ou de connexion sont toujours bien plus prononcées.

Radius.

Le radius est toujours complet, s'articulant plus ou moins largement en haut avec l'humérus par une tête qui de circulaire devient de plus en plus transversale et gynglymoïdale, en bas avec le carpe par une plus grande partie de son étendue, à mesure que la position de la main devient de plus en plus forcée dans la pronation ou l'application quadrupède.

Cubitus.

Le cubitus suit cette dégradation de la main, et d'abord complet, se plaçant à côté du radius, qui peut rouler sur lui, entre une partie notable de l'articulation humérale et de celle du carpe, il passe de plus en plus en arrière, n'occupant plus que la partie toute postérieure de l'articulation humérale, et finissant même par être réduit dans cette partie à l'apophyse d'insertion musculaire de l'extenseur de l'avant-bras, nommée *olécrane*, et alors n'ayant aucune part à l'articulation carpienne.

Carpe.

1re rangée : Naviculaire, Intermédiaire, Semi-lunaire, Triquètre, Pisiforme.

Le carpe, par lequel commence la main, est toujours formé, même dans son plus grand état de simplicité, de deux rangées bien distinctes de petits os multiformes, l'une brachiale et l'autre digitale; la première pouvant être composée de quatre, et même de cinq os, qui sont, en marchant de dedans en dehors : le scaphoïde ou naviculaire, l'intermédiaire, le semi-lunaire, le triquètre et le pisiforme; le premier et le troisième s'articulant avec le radius, le troisième avec le cubitus, et le quatrième hors de rang, mais quelquefois réduits à trois, ce dernier compris.

La seconde rangée n'est jamais formée de plus de quatre os, nommés, en suivant le même ordre, le trapèze, le trapézoïde, le grand os et l'unciforme; le premier pour le pouce, le second pour l'indicateur, le troisième pour le médian, et enfin le quatrième pour l'annulaire et le petit doigt. Mais cette rangée peut être réduite à trois os, lorsque le nombre des doigts est lui-même réduit à ce nombre, complets ou rudimentaires.

2e rangée : Trapèze, Trapézoïde, Grand Os, Unciforme.

Le métacarpe des Mammifères est presque toujours formé d'os assez longs, au nombre de cinq, quatre, trois, deux, et même d'un seul, du moins complet. Ces os, placés les uns à côté des autres, ayant l'extrémité carpienne plate ou en gouttière fort peu profonde, et l'extrémité digitale en tête arrondie, ont du reste des proportions très-variables, en rapport avec les doigts qu'ils supportent.

Métacarpe.

Les phalanges, qui constituent ceux-ci, sont constamment, et sans autre exception que dans la nageoire des Cétacés et dans l'aile des Chéiroptères, l'une et l'autre profondément anomales, au nombre de trois pour tous les doigts, si ce n'est pour le pouce, qui n'en a jamais plus de deux; et ces phalanges, dans leur proportion, varient un peu, quoiqu'en général la première soit la plus longue, et la troisième la plus courte.

Phalanges.

La plus importante est certainement celle-ci, à cause de l'ongle qu'elle porte, ce qui lui a valu le nom de phalange onguéale.

Toute première phalange de Mammifère commence par une cavité arrondie et finit par une poulie en creux ou une véritable poulie.

1re Phalange.

Toute seconde phalange commence par une surface articulaire en contre-poulie, c'est-à-dire avec une crête entre deux gorges, et se termine à l'autre extrémité en poulie proprement dite.

2e Phalange ou Phalangine.

Enfin toute phalange onguéale commence par une contre-poulie plus ou moins oblique, et se termine en s'amincissant diversement suivant la forme de l'ongle.

3e Phalange ou Phalangette.

Membres postérieurs. Du Bassin en général,

Le bassin ou la ceinture osseuse des membres postérieurs est au moins aussi caractéristique chez les Mammifères que la ceinture osseuse antérieure, et cela aussi bien dans son ensemble que dans chacun des trois ou quatre os qui entrent dans sa composition.

dans ses connexions avec la colonne vertébrale :

En effet, dans la presque totalité de ces animaux, à une seule exception près, la demi-ceinture se joint par son extrémité supérieure à la colonne vertébrale par une articulation plus ou moins immobile avec le sacrum, et par son extrémité inférieure avec celle du côté opposé, d'où une symphyse dite pubienne, sauf encore une ou deux exceptions, où cette symphyse reste séparée.

dans sa composition. Iléon.

Des trois os qui constituent chaque demi-ceinture, et qui se soudent de très-bonne heure entre eux en contribuant chacun à former la cavité articulaire fémorale, le plus important est l'iléon, et en même temps le plus considérable. En forme de palette ou d'éventail en avant, offrant par conséquent deux faces plus ou moins excavées nommées l'une iliaque externe, l'autre iliaque interne, il se rétrécit plus ou moins vers son milieu pour se dilater à son extrémité postérieure, et c'est par elle qu'il entre dans la composition de la cavité cotyloïde, dont elle forme la partie antérieure et supérieure. De ses deux bords principaux, le supérieur, plus ou moins rugueux, limite la surface interne d'articulation avec le sacrum, et l'inférieur ou antérieur commence par un angle nommé épine antérieure et supérieure, et finit au-dessus ou en avant de la cavité par un tubercule d'insertion musculaire.

Pubis.

Le second transverse et sternal ou ventral, est celui qui, par son extrémité interne, se joint dans la ligne médiane à celui du côté opposé, et qui, par conséquent, constitue la symphyse pubienne plus ou moins étendue; par son autre extrémité, il se joint largement au précédent pour former le côté inférieur de la cavité articulaire ou cotyloïde.

Ischion.

Enfin, le troisième os de chaque demi-ceinture, l'ischion, situé en arrière, en forme de fer à cheval, s'interpose entre les deux autres, les branches ouvertes en avant, l'une ventrale, continuant la symphyse pubienne; l'autre dorsale, complétant la cavité cotyloïde et prolongeant le bord vertébral de la ceinture, tandis que l'angle de jonction, souvent épaissi et élargi, se porte en arrière sous le nom de tubérosité ischiatique.

Le fémur des Mammifères présente, comme l'humérus, toutes ses parties d'une manière très-distincte; une tête en sphère, portée sur un col ou rétrécissement plus ou moins long, plus ou moins oblique; deux tubérosités d'insertions musculaires, ou trochanters, l'une beaucoup plus forte en dehors, le grand trochanter, et creusée à sa racine interne d'un enfoncement plus ou moins profond, nommé *cavité digitale;* l'interne plus basse et plus petite (petit trochanter), de laquelle part une ligne moyenne d'insertion musculaire, obliquement de dedans en dehors, qui se continue tout le long du col du fémur, et porte le nom de *ligne âpre;* enfin, inférieurement les deux condyles articulaires, bien arrondis, bien séparés entre eux, surtout en arrière et en avant, par une large poulie remontant plus ou moins haut, et dans laquelle glisse la rotule ou le gros os sésamoïde de l'extenseur de la jambe.

Fémur. Tête. Col. Trochanters. Grand; sa cavité digitale. Petit; sa ligne âpre, ses condyles

La jambe, dans cette classe d'animaux, est toujours formée de ses deux os; quelquefois cependant le péroné est réduit à l'une ou à l'autre de ses extrémités.

Le tibia, qui est toujours la principale pièce de la jambe, comme le radius à l'avant-bras, est ordinairement triquètre et un peu arrondi dans sa longueur.

Tibia.

Son extrémité supérieure, fortement élargie, présente une large surface articulaire en contre-poulie, dont les excavations sont peu profondes et la carène très-peu saillante, avec une autre facette articulaire externe, ovale ou arrondie pour le péroné. Son extrémité inférieure, généralement plus étroite que la supérieure, est également disposée en contre-poulie, plus ordinairement oblique, la gorge interne plus profonde que l'externe, par plus de saillie du bord interne constituant la malléole dite interne; l'externe offrant une petite facette articulaire pour le péroné.

Péroné. Ce dernier os, chez les Mammifères, est presque toujours, quand il est complet, un os grêle, allongé, triquètre, peu ou point arqué, offrant, en haut comme en bas, un renflement ou élargissement plus ou moins considérable, le supérieur s'articulant avec le tibia par application oblique; l'inférieur en faisant autant avec la partie correspondante de cet os, mais en outre la dépassant et faisant une saillie connue sous le nom de malléole externe.

Le pied des Mammifères est, comme la main, constamment formé de ses trois parties bien distinctes.

Tarse. Le tarse, dans la composition duquel entrent tout au plus sept os disposés en deux rangées, l'une interne et supérieure, l'autre externe et inférieure.

1re rangée : Astragale. Dans la première rangée, composée de trois os, le premier est l'astragale, qui forme presqu'à lui seul l'articulation avec les deux os de la jambe, qui le saisissent entre eux d'une manière plus ou moins serrée; aussi sa surface tibiale est-elle entièrement occupée par une large poulie articulaire plus ou moins profonde, tandis que l'autre tarsienne, plus compliquée, présente des surfaces articulaires très-diversiformes pour ses deux os congénères, le calcanéum et le scaphoïde.

Calcanéum. Le calcanéum, qui est généralement le plus gros des os du tarse, parce qu'il en représente deux réunis du carpe, est d'une forme toute particulière dans cette classe, en ce que, outre les facettes supérieures articulaires avec le précédent, il s'allonge en avant par une grosse apophyse tronquée carrément pour son articulation avec le cuboïde de la seconde rangée, et en arrière par une autre encore plus forte, plus ou moins renflée, en une tubérosité d'insertion musculaire dépassant plus ou moins l'axe de jonction de la jambe et du pied.

Scaphoïde. Le scaphoïde, qui forme le troisième os du métatarse, est encore un os très-caractéristique du pied des Mammifères; sa forme, dans l'homme, lui a valu son nom; sa face excavée ou interne est articulée avec l'astragale, et sa face convexe, partagée quelquefois en trois facettes, correspond à autant d'os de la seconde rangée.

Cette seconde rangée du tarse n'a jamais plus de quatre os, comme à la main; mais ce nombre peut être réduit à trois. 2e rangée

Les trois premiers en marchant de dedans en dehors, sont désignés sous le nom de premier, second et troisième cunéiforme, à cause de leur figure dans l'homme; en effet, plus ou moins hexagonaux, ils sont plus épais en dessus qu'en dessous. Du reste leur proportion, et même leur figure, varient considérablement. Le premier, sur lequel s'articule le premier doigt, n'a de facettes articulaires que de trois côtés. Les deux autres en ont de quatre côtés, et n'en manquent qu'en dessus et en dessous. Cunéiformes. 1er. 2e et 3e.

Le dernier os de cette rangée, le cuboïde, est encore désigné sous un nom qui rappelle sa forme générale dans l'homme. Il offre une large facette postérieure pour le calcanéum, une interne pour le cunéiforme, une ou deux en avant pour un ou deux doigts; le côté externe en étant totalement dépourvu, ainsi que les faces supérieure et inférieure, et celle-ci présentant une gouttière oblique qui la caractérise. Cuboïde

Les deux autres parties du pied ont tant de ressemblance avec leurs analogues à la main, qu'il est souvent difficile, dans certains Mammifères du moins, de décider si tel ou tel os métatarsien, ou telle ou telle phalange, diffère des pièces correspondantes à la main.

On peut cependant remarquer que l'extrémité interne du métatarsien est toujours sensiblement plus plate qu'au métacarpien; que le cinquième os, quand il existe, a sa tubérosité externe plus saillante; que les phalanges onguéales sont moins courbées. Métatarsien et Phalanges.

Sans doute qu'entre toutes les pièces solides qui entrent dans la composition du squelette d'un animal vertébré en général, mais surtout de celui d'un Mammifère, il règne une harmonie appréciable de nombre, de forme, de position, de proportions, en un mot une combinaison qui doit avoir pour résultat tel ou tel genre de translation, telle ou telle particularité de locomotion; en sorte que l'on peut assez bien préjuger ou prévoir, dans certaines limites du moins, par une connaissance physiologique, certaines particularités ostéographiques, *et vice* Réflexions sur l'harmonie des pièces du squelette des Mammifères.

versâ, c'est là une observation qui n'a échappé à personne depuis Galien jusqu'à nous; mais croire que la science soit assez avancée, et même qu'elle puisse jamais l'être assez, qu'elle puisse atteindre un tel degré de prévision, si même elle en est susceptible, au point qu'un seul os, qu'une seule facette d'os, étant connus dans un animal, on puisse reconstituer, recomposer son squelette entier, et par suite le reste de l'organisation de l'animal dont il provient, c'est une prétention qui paraîtra d'autant plus exagérée, d'autant plus extraordinaire, que l'on aura soi-même davantage étudié la question aussi bien *à priori* qu'à *posteriori*. Aussi n'est-il, suivant moi, jamais arrivé à personne de mettre à preuve cette prétention. Sans doute on a pu croire l'avoir fait, lorsqu'ayant un certain os d'un animal voisin d'un autre animal de forme ordinaire, connu dans son entier, et dont on avait le squelette sous les yeux, on a reconnu quelle forme devait avoir la partie des os en connexion avec lui. Mais au delà toute prévision devenait entièrement conjecturale; à moins que l'os conducteur n'ait été un de ces os caractéristiques de certaines familles, comme l'astragale, par exemple, chez les Ruminants, dont le squelette est d'une similitude remarquable et marche toujours avec un système dentaire et un appareil digestif tout particuliers; mais encore dans ce cas, cet astragale, outre la proportion des autres os, qu'il ne donnait certainement pas, ne pouvait jamais conduire à déterminer s'il existait ou non des ergots, c'est-à-dire des rudiments de la paire de doigts extrêmes, un péroné complet, et encore moins un cubitus également complet aux membres antérieurs, des dents canines à la mâchoire supérieure, et même si le frontal était dépourvu ou pourvu d'armes offensives, et, dans ce cas, si c'étaient des bois ou des cornes, et alors si elles étaient au nombre d'une ou de deux paires.

Mais s'il y a impossibilité absolue dans une famille si naturelle, formant pour ainsi dire un bloc, c'est-à-dire où la série est si peu manifeste, de déduire de l'examen d'un os, même aussi particulier que l'astragale dans les Ruminants, toutes les particularités que je viens d'énumérer, que serait-ce si nous avions pris notre exemple dans une famille où la dégradation est plus ou moins marquée, et surtout dans des genres d'animaux dont l'appareil locomoteur offre des anomalies évidentes dans telle ou telle de ses parties? On peut affirmer que de la considération d'un os même choisi ou pris à volonté, il serait presque toujours impossible de s'élever même à la connaissance totale de ceux qui sont immédiatement en contact avec lui.

De tous les os qui entrent dans le squelette du Magot, quel est celui, sauf le sacrum, d'où l'on puisse déduire qu'il n'a pas de queue, tandis que la plupart des autres Cynopithèques en ont souvent une fort longue; il est même digne de remarque que les vertèbres lombaires ont leur apophyse épineuse aussi antéroverse que dans les Cercopithèques.

Quel os, si ce n'est le trapézoïde, pourra vous conduire à assurer qu'une Guenon de la division des Colobes, ou qu'un Sapajou de la division des Atèles n'a pas de pouce?

Quelle partie des extrémités d'un Paresseux vous fera prévoir s'il doit avoir sept, huit ou neuf vertèbres cervicales? Et si vous ne possédez que la tête du radius de cet animal, qui vous indiquera la forme singulière de sa main et du nombre des doigts?

Essayez donc de l'un ou l'autre des doigts si bizarres des Tatous de prévoir la forme et la proportion de l'autre?

Les Cheiroptères comme les Taupes, ont le sternum garni d'une sorte de crête longitudinale ou bréchet, et dans les uns comme dans les autres, pour augmenter l'épaisseur du grand pectoral, et par conséquent son action sur le bras; mais servez-vous-en pour deviner la forme de l'humérus, si excessivement différente, et encore mieux celle de l'omoplate, si large dans les unes, si étroite dans les autres, et vous tomberez dans des erreurs étonnantes.

De l'humérus si bizarre de la Taupe, devinez donc la forme de cette omoplate?

Trouvez donc dans une partie quelconque de la main la prévision que l'humérus sera percé ou non d'un trou au condyle interne, dans tel ou tel groupe de Carnassiers et point dans un autre tout voisin?

Cherchez quelque rapport entre cette particularité, qui existe chez tous les Didelphes sans exception, et la coexistence des os dits marsupiaux, qui ne manquent pas davantage dans cette sous-classe ?

Si encore, plus à tort, vous prétendiez trouver un rapport de coexistence entre le système dentaire et l'ensemble et les particularités du squelette, comment auriez-vous deviné, en voyant le squelette du Chien à grandes oreilles du Cap, qu'il avait un système dentaire si différent de celui des autres Chiens, aussi bien sous le rapport de la forme que sous celui du nombre?

Quel rapport y a-t-il entre le système dentaire si carnassier des Dasyures et celui des Phascolomes complétement rongeurs, et cependant le condyle de la mâchoire inférieure n'est ni plus ni moins transverse dans les uns que dans les autres ?

Quelle particularité dans un os quelconque du membre antérieur d'un Carnassier vous fera prévoir qu'il y aura une clavicule ou qu'il n'y en aura pas, qu'il y aura un os dans le pénis ou qu'il n'y en aura pas ?

Du nombre des doigts aux membres postérieurs, concluez donc à celui des membres postérieurs, *et vice versâ*, et vous tomberez presqu'à tout moment dans l'erreur.

Raisons pour lesquelles nous ne donnerons pas de tables de dimensions.

C'est la conviction acquise aussi bien *à priori* qu'*à posteriori*, c'est-à-dire par une expérience répétée, qu'une pièce quelconque du squelette d'un Ostéozoaire ne peut tout au plus conduire qu'à prévoir la forme de la partie de la pièce en contact articulaire avec elle, qui m'a déterminé à ne pas donner de longues tables de mesures des os, comme l'ont fait depuis Daubenton la plupart des ostéographes : en effet, j'ai la certitude qu'elles ne peuvent servir à rien ou à fort peu de chose, surtout quand elles sont absolues. Sans doute l'on conçoit ici fort aisément des rapports harmoniques ou proportionnels entre les pièces d'un même squelette, mais c'est encore dans des limites de variations trop peu restreintes pour qu'il soit possible, de la mesure d'un os, de conclure à celle d'un autre os plus ou moins éloigné. Les squelettes d'individus un peu nombreux d'une espèce vivante, sont là pour nous démontrer la futilité de ces mesures poussées jusqu'aux millimètres. Aussi avons-nous préféré donner un certain nombre de longueurs relatives avec la colonne vertébrale; par exemple, prise comme mesure, et, dans ce cas, nous n'avons même rapporté que les principales et les plus importantes.

Encore dois-je faire l'observation, qui ne l'est pas moins, que non-seulement les proportions relatives des os du squelette varient suivant l'âge, ce qui est bien connu, et non pas seulement dans le premier âge comparé à l'âge adulte, mais aussi dans l'âge de la caducité.

Elles varient également suivant les sexes; c'est encore une chose bien reconnue; les pièces du squelette des individus femelles étant toujours plus grêles, plus faibles, plus élancées que chez les mâles.

Mais elles varient aussi, et dans des limites beaucoup plus grandes qu'on ne le croit généralement, dans les individus du même âge et du même sexe, par suite de causes sans doute en partie inappréciables, mais qui peuvent être facilement reconnues dans leurs résultats, comme on peut s'en assurer si aisément chez tous nos animaux domestiques, mais aussi bien chez les espèces sauvages de tous les pays. Il y a plus de deux mille ans qu'Aristote a fait la juste observation que les animaux élevés dans les lieux difficiles et montueux deviennent plus forts et plus robustes; et comme ce sont les os qui constituent cette force et cette vigueur, on voit quelles différences ils doivent offrir. Et, en effet, nos collections d'animaux vivants et morts, nos collections de squelettes peuvent aisément donner la démonstration la plus complète de ces nombreuses et importantes variations aux personnes qui pourraient encore avoir quelque doute à ce sujet.

Au reste, toutes nos figures étant faites au diagraphe, instrument qui procède presque mathématiquement, on voit combien il sera facile d'avoir des longueurs proportionnelles à l'aide d'un compas et d'une mesure, puisque, lorsque les figures ne sont pas de grandeur naturelle, le chiffre de la réduction ou de l'ampliation sera constamment donné.

C'est certainement dans cette classe d'animaux que les os du squelette éprouvent par l'effet de l'âge le plus de variations, et cela presque sous tous les rapports que nous avons envisagés, c'est-à-dire tant sous celui de la composition chimique et anatomique que sous ceux de la forme générale et de la proportion de chaque pièce en elle-même, et considérée dans ses rapports avec les autres.

Dans le jeune âge les os sont beaucoup moins terreux, d'un tissu bien moins serré; ils sont proportionnellement moins longs, plus gros, plus renflés, surtout aux extrémités.

Dans l'âge adulte ils acquièrent toutes leurs qualités normales en composition, en forme et en proportions, en même temps que les apophyses, les crêtes, les empreintes, les trous, les canaux, les cavités se dessinent et se prononcent nettement.

Dans l'âge plus avancé, marchant à la caducité, les os gagnent en solidité, en densité; les proportions de forme changent notablement par plus d'épaisseur; ils deviennent plus robustes; les surfaces articulaires redeviennent plus larges; plusieurs sutures s'effacent complétement, et toutes les saillies s'augmentent, s'exagèrent, s'irrégularisent, tandis que les trous, les canaux, les cavités diminuent et tendent évidemment à se remplir.

Ce sont ces observations qu'il faut avoir sans cesse présentes à l'esprit, lorsqu'on veut faire une application convenable de l'ostéographie à la paléontologie.

DES DERMOS.

Défini. On ne connaît encore ce genre de parties solides parmi les Mammifères que dans le genre des Tatous (*Dasypus*, L.) et dans les subdivisions que les zoologistes y ont introduites dans ces derniers temps, genre qui fait partie du sous-ordre des Édentés terrestres, et qui est exclusivement propre à l'Amérique méridionale.

par leur posit. et anatomique: C'est dans le derme, ou plutôt c'est le derme même des Tatous qui, s'encroûtant de matière calcaire, et se partageant en fragments réguliers, constitue les seuls dermos que l'on observe dans la classes des Mammifères ; en sorte qu'en enlevant les sels de chaux qui sont déposés irrégulièrement dans les masses du tissu dermique, on obtient une peau entièrement flexible.

par leur nature chimique

Ces dermos, d'épaisseur extrêmement variable, suivant les espèces et les parties du corps, ont toujours une forme polygonale, souvent carrée ou parallélogrammique, mais aussi fréquemment hexagonale sur certaines parties du corps. Plus ou moins lisses et concaves à leur surface interne ou adhérente, elles sont toujours un peu convexes, et constamment ornées d'espèces de guillochures en relief dont la forme semble être assez bien caractéristique des espèces.

Distingués suivant leur forme ;

Du reste, nous verrons que la plupart de ces dermos, lorsqu'ils sont en contact surtout, se disposent fort régulièrement de manière à former sur la tête, sur le col, sur toute la partie supérieure du tronc, et même sur la queue, des parties d'enveloppe solide dans lesquelles l'animal peut se mettre plus ou moins complétement à l'abri de la voracité de ses ennemis.

leur disposition.

Lorsque nous serons arrivés à donner l'ostéographie des Édentés terrestres, ordre dans lequel entrent les Tatous, nous donnerons de plus grands détails sur ce genre d'os de la peau des Tatous, et d'autant plus que l'on en découvre tous les jours de nouvelles espèces à l'état fossile dans les diluvium et les cavernes de l'Amérique méridionale. En ce moment, qu'il nous suffise du peu que nous venons de dire, et passons aux phanéros.

DES OS VISIBLES OU EXTÉRIEURS.

PHANÉROS (*Phanerostea*).

Dans cette grande classe d'animaux vertébrés, ce genre de parties dures est réduit à la sorte la plus importante, à celle qui, se développant à la surface de l'enveloppe buccale, et pénétrant dans les mâchoires, porte le nom de *dents*. Et même chez eux, ces parties sont limitées aux deux

Dents.

Limitées dans leur position aux parties terminales de la mâchoire supérieure et de l'inférieure.

premières portions de la mâchoire supérieure et à la branche horizontale de l'inférieure, c'est-à-dire qu'il n'y a jamais que des dents prémaxillaires et maxillaires en haut et des dents mandibulaires en bas ; jamais de palatines ni d'arrière-palatines.

De figure biconique.

Les dents des Mammifères ont un autre caractère qui n'est pas moins important que celui de la position, et qui consiste en ce qu'elles sont toujours biconiques et implantées par l'un des cônes composants auquel on donne le nom de racine, dans un enfoncement correspondant et proportionnel que lui présentent les os sous-posés, enfoncements connus sous le nom d'alvéoles.

Sur un seul rang.

Enfin ces dents ne sont jamais que sur un seul rang marginal, placées d'une manière plus ou moins serrée, les unes à la suite des autres, mais toujours parfaitement semblables de chaque côté, de sorte qu'il serait inutile de les considérer autrement que d'un seul, en haut et en bas.

Ce que nous avons dit plus haut dans les généralités sur l'organisation de ce genre de parties solides, ayant été tiré presque exclusivement de ce qu'il est dans les Mammifères, nous n'aurons pas besoin d'y revenir, d'autant plus que nous ne voulons pas ici faire un traité d'odontologie, mais nous avons besoin d'entrer dans quelques généralités sur les différences de nombre en général, et en particulier sur celui des différentes espèces établies d'après la forme, la position et même l'usage de ces dents.

Différentes de nombre en totalité.

Le nombre total des dents, chez les Mammifères, a une fixité extrêmement remarquable (sauf les Édentés, qui font seuls exception sous ce rapport aussi bien que sous d'autres), mais il faut le prendre à son état de complet développement, et ce nombre n'est jamais considérable, puisqu'il ne dépasse jamais treize de chaque côté des deux mâchoires, les Cétacés toujours exceptés et aussi les Tatous.

Ces dents, rigoureusement semblables aux deux côtés de chaque mâchoire, tandis qu'elles ne le sont jamais complétement aux deux, diffèrent même quelquefois de nombre à la mâchoire inférieure de ce qu'elles sont à la supérieure.

Cette différence de nombre peut porter sur les trois sortes principales de dents; c'est-à-dire aussi bien sur les incisives ou prémaxillaires que sur les canines et sur les molaires, dont la position est constante, comme il a été dit plus haut, les premières en avant, les secondes ensuite et les troisièmes en arrière. pour chaque sorte;

Leur disposition est même généralement assez fixe pour la manière dont les inférieures se placent par rapport aux supérieures: pour les incisives, lorsqu'elles sont terminales, ce sont toujours les inférieures qui se rangent derrière les supérieures; mais pour les canines et pour les molaires, c'est le contraire; c'est-à-dire que c'est toujours l'inférieure, dans chaque sorte, qui se place en avant de la supérieure; et cela a aussi bien lieu pour la dent en totalité que pour les divisions de la couronne, quand elle est multicuspide. de disposition entre celles d'en haut et celles d'en bas;

Mais c'est surtout dans la forme que les dents des Mammifères offrent le plus de variétés pour chacune d'elles et pour chaque espèce, aussi bien dans la couronne que dans la racine. de forme;

Les incisives véritables n'ont jamais qu'une seule racine plus ou moins longue, plus ou moins conique ou comprimée, quoique dans certains Mammifères la couronne qui les termine puisse être assez profondément lobée sur la tranche. Elle peut en outre présenter des différences nombreuses dans la forme. pour les Incisives;

Les canines sont dans le même cas que les incisives; elles n'ont généralement qu'une racine et une couronne simples assez bien proportionnelles dans leurs développements; mais elles peuvent, comme elles, offrir de grandes variétés de forme, étant quelquefois coniques, ou triangulaires, ou très-comprimées en couteau, dirigées en dehors ou en arrière. les Canines;

Les molaires sont des trois sortes de dents celles qui présentent le plus de variétés de forme, pouvant être ou simples comme les incisives et les canines, et cela aussi bien dans leur racine que dans leur couronne, ou diversement compliquées dans les deux parties, et enfin pou- les Molaires; étudiées dans leurs parties vant même être réellement complexes, au moins à certain âge, c'est-à-dire formées de plusieurs dents réunies.

Racines. Pour les racines, on peut dire d'une manière générale qu'elles traduisent assez bien les particularités de la couronne, au moins les principales et les plus prononcées, c'est-à-dire qu'au-dessous d'un gros mamelon ou tubercule de celle-ci se trouve une grosse racine, et *vice versâ*.

Couronne; dont la forme détermine Pour les couronnes, qui, dans l'action des dents inférieures sur les supérieures, peuvent d'horizontales agissant comme des meules, devenir verticales agissant comme des lames de ciseaux, on voit comment dans le premier cas les tubercules plus ou moins prononcés de la couronne seront autant égaux que possible, ce qui arrive rarement; en effet, on trouve bien plus souvent que l'un des bords, externe pour les supérieures, interne pour les inférieures, tend à prédominer; et alors il y a un commencement de croisement latéral des deux armatures.

les Dents carnassières ou Molaires. Pour parvenir au maximum de cet entre-croisement, il suffit de concevoir que l'un des bords de la couronne s'accroît tandis que l'autre diminue, ce qui marche avec l'amincissement total de la dent; alors les dents inférieures se placeront tout entières en dedans des supérieures, ou les croiseront dans le sens transversal, comme elles se peuvent croiser dans le sens longitudinal; c'est ce qui constituera les carcharodontes d'Aristote.

Une dent molaire pourra même être en partie, en avant, par exemple, dans ce cas, tandis que l'autre sera restée tuberculeuse.

Différences qui ont servi Ce sont toutes ces combinaisons si variées, et à la fois si fixes, qui donnent au système dentaire une importance tellement grande dans la distinction des espèces, et par suite dans la paléontologie.

Ce sont ces différentes considérations qui ont fait d'abord distinguer à distinguer les dents molaires en Fausses et Vraies; celles-ci en Carnassières. les dents molaires en fausses molaires et en molaires vraies, les premières en avant, les secondes en arrière, les unes plus simples et les autres plus complexes; ensuite, comme dans certains Mammifères on peut remarquer trois sortes de molaires, des fausses molaires en avant, des molaires vraies en arrière, et une intermédiaire à ces deux sortes, et dans ce cas évidemment tranchante et carnassière, M. F. Cuvier a introduit la considération de celle-ci sous le nom de *carnassière*.

Et par moi en Avant-Molaire, Principale et Arrière-Molaire.

Dans notre travail sur la signification des dents composant le système dentaire, nous avons été obligé d'abandonner cette classification des molaires des Mammifères et d'en établir une autre qui les considère comme partagées en avant-molaires, en principale et en arrière-molaires, qu'importe qu'elles soient simples ou complexes, tranchantes ou tuberculeuses. Ainsi, pour prendre notre exemple dans l'homme, j'admets que chez lui le système dentaire est ainsi composé : à chaque mâchoire et de chaque côté, deux incisives, une canine, cinq molaires, dont deux avant-molaires, une principale et deux arrière-molaires ; ce que je formule souvent ainsi pour abréger :

$$\frac{2}{2}\,\mathrm{I} + \frac{1}{1}\,\mathrm{C} + \frac{5}{5}\,\mathrm{M} \quad \text{dont} \quad \frac{2}{2}\,av.\,m. + \frac{1}{1}\,pr. + \frac{2}{2}\,ar.\,m.$$

Pour déterminer quelle est la principale dans un système dentaire de Mammifères, il faut avoir recours quelquefois à des considérations plus ou moins indirectes ; mais dans le plus grand nombre de cas, on peut la reconnaître aisément à la mâchoire supérieure, qui est toujours le point de départ pour la signification des dents, en prenant pour telle celle qui se trouve implantée sous la racine de l'arcade zygomatique, ou mieux de l'apophyse zygomatique du maxillaire, et qui dans l'homme est certainement la plus forte : celles qui seront en avant seront les avant-molaires, et en arrière les arrière-molaires.

Quant à la mâchoire inférieure, il suffira de croiser les dents dans la position normale pour en avoir la signification : celle qui croisera en avant la principale d'en haut sera celle d'en bas, d'où l'on tirera les avant et les arrière-molaires. Or, dans l'homme, c'est encore la plus grande des cinq qui est la principale.

Mais en voilà assez pour le but que je me suis proposé en ce moment.

DES OS D'ENVELOPPE.

BULBOS (*Bulbostea*).

Définis.

Une troisième sorte de parties dures est celle qui solidifie dans certaines classes l'enveloppe extérieure des organes des sens bulbiformes, tels que l'œil et l'oreille interne ou labyrinthe, comme nous l'avons déjà fait observer dans nos généralités sur les différentes espèces d'os qui peuvent entrer dans l'organisation des Ostéozoaires.

Nous avons vu qu'il ne s'en était rencontré ou qu'on n'en avait encore observé que de deux genres, suivant l'organe du sens dont ils proviennent.

Bornés chez les Mammifères à l'os pétreux ou à l'oreille interne.

Dans les Mammifères, jamais le bulbe oculaire ne renferme de parties solides dans son enveloppe extérieure ou dans la sclérotique, ce qui a au contraire constamment lieu chez les Oiseaux, et chez un certain nombre de Vertébrés ovipares. Mais aussi les Mammifères sont peut-être les seuls chez lesquels le bulbe auditif, plus connu sous le nom d'oreille interne ou de labyrinthe, est considérablement doublé ou épaissi à l'extérieur par une matière osseuse très-dense, de nature assez particulière, de forme assez variable, mais en général trièdre ou pyramidale.

Considéré dans sa composition chimique;

Cette pièce, de composition chimique analogue à celle de la partie compacte des os du squelette, et où par conséquent la matière terreuse l'emporte beaucoup sur la matière organique, offre aussi dans sa structure anatomique un aspect tout particulier, en ce que la disposition celluleuse est nulle ou fort peu apparente, au contraire de celle de dépôt, en sorte que cet os est souvent cassant comme du verre.

dans sa structure anatomique;

dans sa position.

Sa position est toujours la même, étant intercalée obliquement entre les ailes et le corps des deux dernières vertèbres et la racine squameuse de l'appendice céphalique postérieur; d'où il résulte que par suite des progrès de l'ossification, non-seulement il est retenu, mais encore il se soude avec les diverses portions de celles-ci au point de ne former qu'un seul os connu sous le nom de temporal; et comme cet os complexe devient ainsi un élément formateur de la cavité cérébrale, il est généralement décrit avec les autres os qui lui sont propres.

D'après le plan et le but de notre ouvrage, qui ne sont en aucune manière physiologiques, nous suivrons la marche généralement adoptée, d'autant plus que le rocher lui-même est très-rarement libre et séparé, et que sa grande diversité de forme n'est pas sans influence sur les particularités des parties vertébrales de la tête qui l'environnent. Sera décrit cependant

Sa description, en tant qu'elle nous sera nécessaire, devra donc être cherchée à l'article du temporal, que nous envisageons comme racine, comme attache de la mâchoire inférieure. avec le Temporal.

DES OS INTÉRIEURS DE PHANÈRES.

PÉTROS (*Petrostea*).

Ce genre de parties solides, qui comprend, comme il a été dit dans nos généralités d'ostéographie, les corps déposés dans la partie productrice même des bulbes oculaire et auditif, et qui ne diffère réellement du précédent que parce que dans le pétros le corps produit n'est jamais visible et extérieur, tandis qu'il l'est dans les phanéros, ne se trouve chez les Mammifères qu'à un état trop aqueux, si l'on peut employer cette expression, ou trop peu consistant, pour pouvoir jamais être conservé dans le sein de la terre, et devenir par conséquent le sujet de la paléontologie. Défini

En effet, le cristallin des Mammifères, quoique solide, du moins dans sa partie centrale, et surtout dans l'âge avancé, ne l'est cependant jamais assez, comme celui des Poissons, par exemple, pour pouvoir être conservé intact pendant un temps un peu considérable. d'après leur position dans l'œil;

Cela est encore bien plus certain pour la partie contenue dans le bulbe auditif: j'ai bien démontré depuis longtemps, et, je crois, le premier dans les Mammifères, et entre autres montré positivement dans le dans l'oreille.

Veau, et affirmé par analogie dans l'Homme, ce que M. Laurent a vérifié le premier après avoir entendu mon assertion, que dans cette classe d'animaux il y avait un rudiment gélatineux de la pierre de l'oreille des Poissons; mais on ne peut penser même à en connaître la forme.

DES OS TOUT A FAIT INTÉRIEURS OU DE L'ENDÈRE.

ENDÉROS (*Enderostea*).

Si les parties solides du genre précédent ne se trouvent chez les Mammifères qu'à l'état mou ou presque liquide, il n'en est pas de même de celles qui constituent le genre actuel; bien plus, ce n'est même que dans des animaux de cette classe qu'elles se sont rencontrées jusqu'ici.

Définis. On se rappelle que ce genre d'os, dont la nature chimique et la structure anatomique sont tout à fait comme dans les os du squelette, ont pour caractère principal leur position profonde, au delà des deux enveloppes cutanée et intestinale.

Distingués par leur position. Os du Cœur. Os du Pénis. Nous n'en connaissons encore que deux sortes, distinguées non-seulement par leur position dans des organes très-différents, le cœur et le pénis, mais encore par la forme très-irrégulière dans le premier cas, et au contraire fort régulière et même symétrique dans le second.

Ils n'ont de commun que d'être placés dans la cloison des ventricules pour le cœur, et des corps caverneux pour le pénis, et d'appartenir ainsi l'un et l'autre à l'appareil circulatoire.

Quant à l'os cervical de la Taupe, il doit être considéré plutôt comme un sésamoïde intra-fibreux, ou comme ayant quelque analogie avec les arêtes intra-musculaires des Poissons.

Après avoir ainsi exposé ce que les Mammifères présentent de général sous le rapport de chacune des sortes de parties dures que nous avons définies, nous devons maintenant entrer dans les spécialités, ce qui est le principal but de notre ouvrage, en envisageant la question dans les grands genres linnéens devenus des sous-ordres ou des familles chez les mammalogistes actuels.

Nous ne voyons, en effet, en ostéographie rien qui puisse distinguer la sous-classe des *Mammifères monodelphes* des deux autres sous-classes, si ce n'est dans l'absence complète de cette paire d'os que l'on désigne vulgairement sous le nom d'os marsupiaux, et qui se joignent en avant à la ceinture osseuse postérieure pour un effet musculaire abdominal, ainsi que dans celle du préiskion, que nous verrons paraître dans la sous-classe des *Ornithodelphes,* et persister chez tous les Ovipares. Dans tout le reste du squelette, nous ne connaissons rien autre chose qui soit exclusivement propre aux Monodelphes.

Caractérisés par l'absence d'Os dits Marsupiaux et de Préiskion.

Nous pouvons en dire autant pour les autres genres de parties dures qui leur sont communes, comme les dents. Ainsi, nous allons passer immédiatement à l'étude des particularités du système solide dans les *Primatès* de Linné, comprenant les quatre grands genres de Buffon, Singes, Sapajous, Makis et Paresseux, d'abord à l'état récent, et ensuite à l'état fossile.

www.ingramcontent.com/pod-product-compliance
Lightning Source LLC
LaVergne TN
LVHW012009160826
845678LV00002B/733
* 9 7 8 2 3 2 9 6 6 4 8 7 3 *